巧手小饼干

吴　双◎主编

图书在版编目（CIP）数据

巧手小饼干 / 吴双主编．-- 哈尔滨：黑龙江科学技术出版社，2017.9

ISBN 978-7-5388-9209-3

Ⅰ．①巧… Ⅱ．①吴… Ⅲ．①饼干－制作 Ⅳ．①TS213.2

中国版本图书馆 CIP 数据核字 (2017) 第 087798 号

巧手小饼干

QIAOSHOU XIAO BINGGAN

主　　编　吴　双
责任编辑　马远洋
摄影摄像　深圳市金版文化发展股份有限公司
策划编辑　深圳市金版文化发展股份有限公司
封面设计　深圳市金版文化发展股份有限公司
出　　版　黑龙江科学技术出版社
　　　　　地址：哈尔滨市南岗区公安街 70-2 号　邮编：150007
　　　　　电话：（0451）53642106　传真：（0451）53642143
　　　　　网址：www.lkcbs.cn www.lkpub.cn
发　　行　全国新华书店
印　　刷　深圳市雅佳图印刷有限公司
开　　本　723 mm × 1020 mm 1/16
印　　张　8
字　　数　14 千字
版　　次　2017 年 9 月第 1 版
印　　次　2017 年 9 月第 1 次印刷
书　　号　ISBN 978-7-5388-9209-3
定　　价　29.80 元

CONTENTS

Part 1

Part 2

基础饼干篇

Part 3

造型饼干篇

Part 4 酥脆曲奇篇

Part 5 特殊风味饼干篇

Part 1 准备篇

想要在家里就能做出可爱的造型饼干吗？让我们一起来看看要做什么准备吧，里面还有名师小技巧哦，一起来学学吧！

饼干制作必备材料

市场上的烘焙食材多种多样，想要做出美味又可爱的造型饼干，我们需要怎样的食材呢？

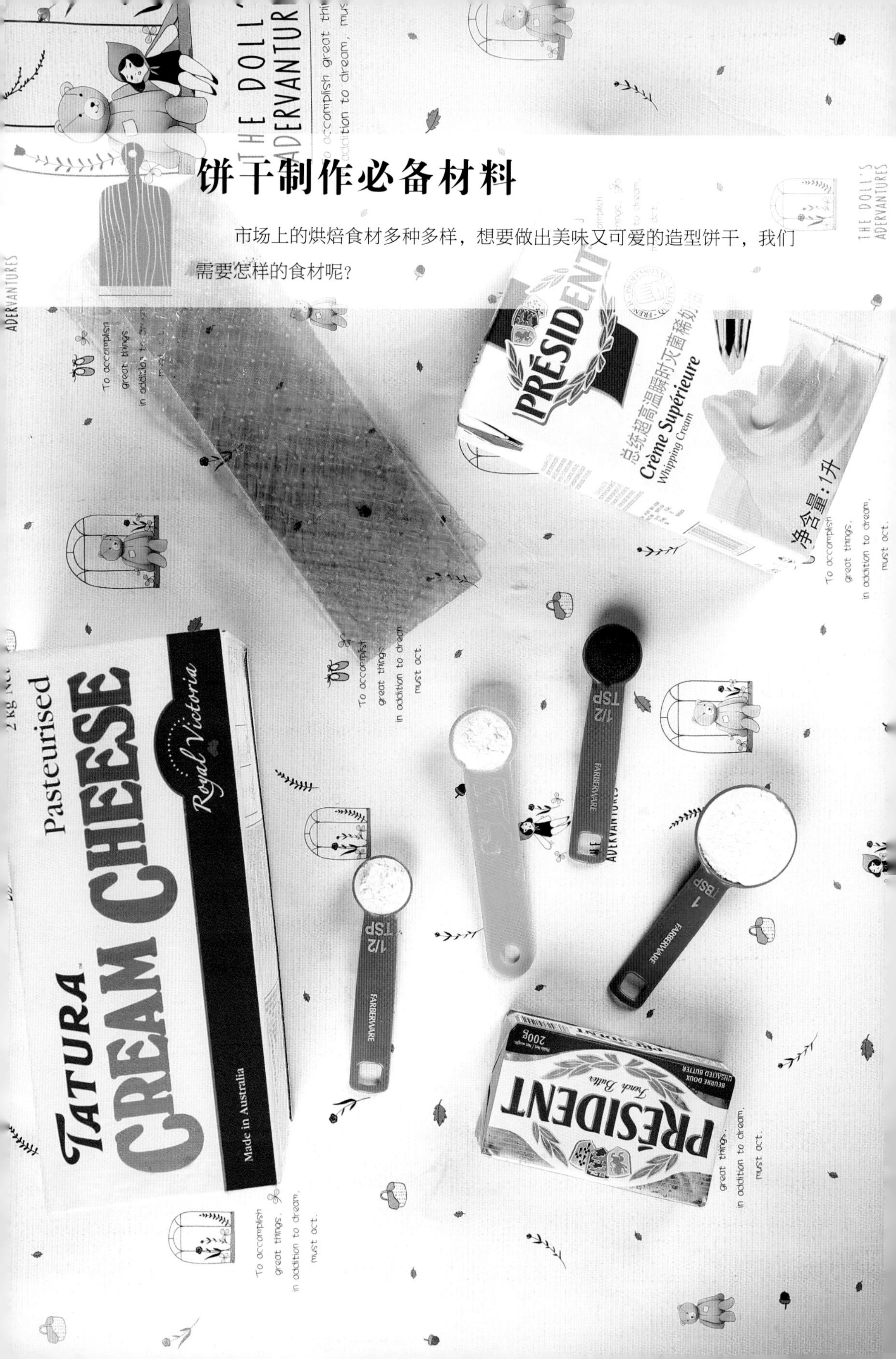

粉类

低筋面粉 颜色较白，易结块，蛋白质含量在8%~10.5%，吸水量50%左右，大多数饼干都是使用低筋面粉制成的。

全麦面粉 粉类中夹杂些麦麸，口感较一般的面粉更粗糙，有质感，有较浓的麦子香味。

中筋面粉 乳白色，半松散体质，筋度和黏度均衡，蛋白质含量在8%~10.5%，吸水量50%左右，制作出的饼干口感更干脆。

杏仁粉 一般市售的杏仁粉是由甜杏仁去皮后研磨制成的。用作曲奇配方中，可提升曲奇的风味。

无铝泡打粉 不含硫酸铝钾和硫酸铝铵成分的泡打粉，可以使饼干的体积涨大，口感更松脆。

奶粉 将牛奶脱水后制成的粉末，较牛奶奶味更香醇浓郁，用于制作奶香风味的饼干最适合。

可可粉 由可可豆加工而成的可可粉末，用于制作巧克力风味的饼干或曲奇最为适合。

咖啡粉 本书中采用的是不添加奶粉和蔗糖的即溶黑咖啡粉，用于制作咖啡风味的曲奇或饼干。

玉桂粉 又叫肉桂粉，是由大叶青化桂的干皮和枝皮研磨而成的香料，本书用于姜饼中；同时也可以放在咖啡风味的饼干中提升风味。

芝士粉 由天然芝士经加工而成的，粉质细腻，呈乳白色粉末，闻起来有酸奶的味道。

抹茶粉 研磨成微粉状的蒸青绿茶，制作抹茶风味饼干时必备的粉类。

椰蓉 椰肉晒干后切丝磨粉的混合物。放于饼干中主要为了增加口感和风味。

燕麦片 本书所使用的皆为即食燕麦片，可以增加饼干嚼劲，制成不同口感的饼干。

盐 用于饼干制作过程中，为甜味饼干提味，或制作咸味饼干。

姜粉 一种由生姜萃取的辛香料，本书中用于制作姜饼。

海盐 可以撒在饼干的表面作装饰，并提升风味。

糖类

糖粉 洁白的粉末状糖类，与一定比例的玉米淀粉混合而成。

细砂糖 结晶颗粒较小的砂糖，制作饼干的过程中，大颗粒的砂糖不易与其他材料融合，影响口感。

黄糖糖浆 浓度较高的糖类，甜度比一般糖浆要高。

玉米糖浆 由玉米中的淀粉转化成的清澈的液体糖浆。

硬糖 本书采用的是樱桃口味的硬糖，用于制作含有硬糖的饼干。

彩色糖粒 主要用于表面装饰的颗粒硬糖，一些节日使用可以增强节日气氛，提升饼干的观赏性。

油

无盐黄油 新鲜牛奶的油脂部分，经加工后滤去水分的产物。

淡奶油 从全脂牛奶中分离而成的，脂肪含量仅为全脂牛奶的 20%~30%。

菜籽油 色泽金黄或棕黄的食用油，又叫“菜油”。有一定的特殊气味，是从油菜籽中提炼出来的。在制作咸味饼干时常常被使用到。

本书使用的巧克力

58% 黑巧克力

44% 牛奶巧克力

38% 白巧克力

入炉巧克力

巧克力豆

其他食材

葱

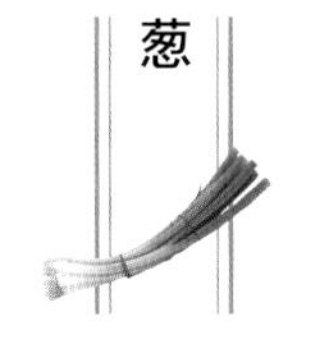

海苔

豆腐

蛋

香精

色素

牛奶

干果类

红莓

大杏仁

杏仁片

饼干制作常用小工具

想要在家里做出好吃的可爱造型饼干，到底要准备哪些工具呢？

（本书所用烤箱为“一焙 KRYS40K1”型号烤箱。制作过程中需根据自家烤箱的实际状况调节烘烤的温度和时间。）

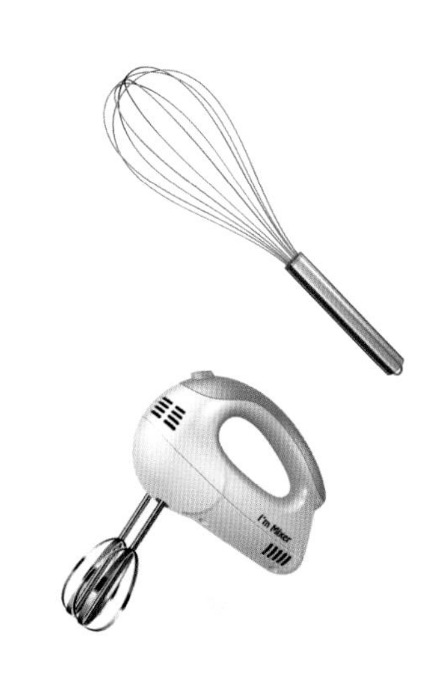

手动打蛋器

适用于打发少量黄油，或者某些不需要打发，只需要把鸡蛋、糖、油混合搅拌的步骤，使用手动打蛋器会更加方便快捷。

电动打蛋器

电动打蛋器更方便省力，而且全蛋的打发很困难，必须使用电动打蛋器。

塑料刮板

粘在案板上的饼干坯可以用它铲下来，也可以协助我们把整形好的饼干坯移到烤盘上去，还可以分割饼干面团哦。

橡皮刮刀

橡皮刮刀是扁平的软质刮刀，适合用于搅拌面糊。在饼干制作的粉类和液体类混合的过程中起重要作用，在搅拌的同时，它可以紧紧贴在碗壁上，把附着在碗壁的饼干糊刮得干干净净。

擀面杖

擀面杖是面团整形过程中必备的工具，无论是把面团擀圆、擀平、擀长都需要用到哦。

电子秤

在制作烘焙产品的过程中，我们需要称量材料精准的克数，此时就需要选择性能良好的电子秤，以保证饼干配方所制作出的产品的口感和风味达到最佳状态。

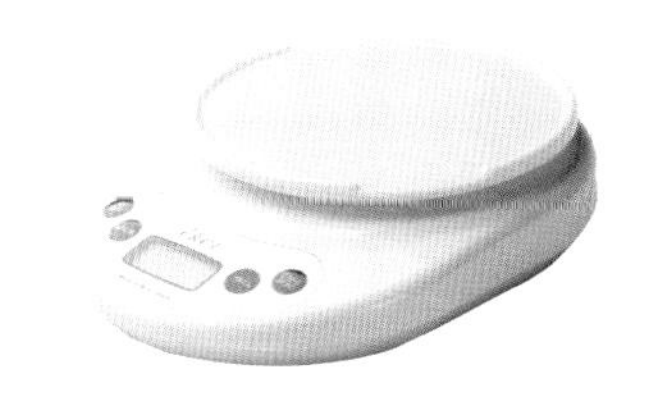

油布或油纸

烤盘垫油纸或油布防粘。有时候在烤盘上涂油同样可以起到防粘的效果，但使用油布或油纸可以免去清洗烤盘的麻烦。油纸比油布价格低廉。

裱花袋和裱花嘴

可以用它们来挤出曲奇面糊，还可以用来装上巧克力液做装饰。搭配不同的裱花嘴可以挤出不同的花形，可以根据需要购买。

饼干模具

在制作造型饼干时必不可少的模具。

毛刷

为了上色漂亮，有时需要在烘烤饼干之前在饼干坯上刷一层液体，毛刷在这个时候就派上用场了。

各种刀具

刀具可以切割饼干坯。不同型号大小的刀具甚至可以用来整改饼干坯的形状。

Part 2 基础饼干篇

下午茶常备的三款老少咸宜的巧手小饼干。巧克力与奶香脆饼的巧妙搭配，健康的全麦饼干，还有杏仁口味的酥脆小饼，上手简单，大家都喜欢。

奶香脆饼

材料

无盐黄油……50 克

细砂糖……60 克

低筋面粉……100 克

奶粉……30 克

黑巧克力……50 克

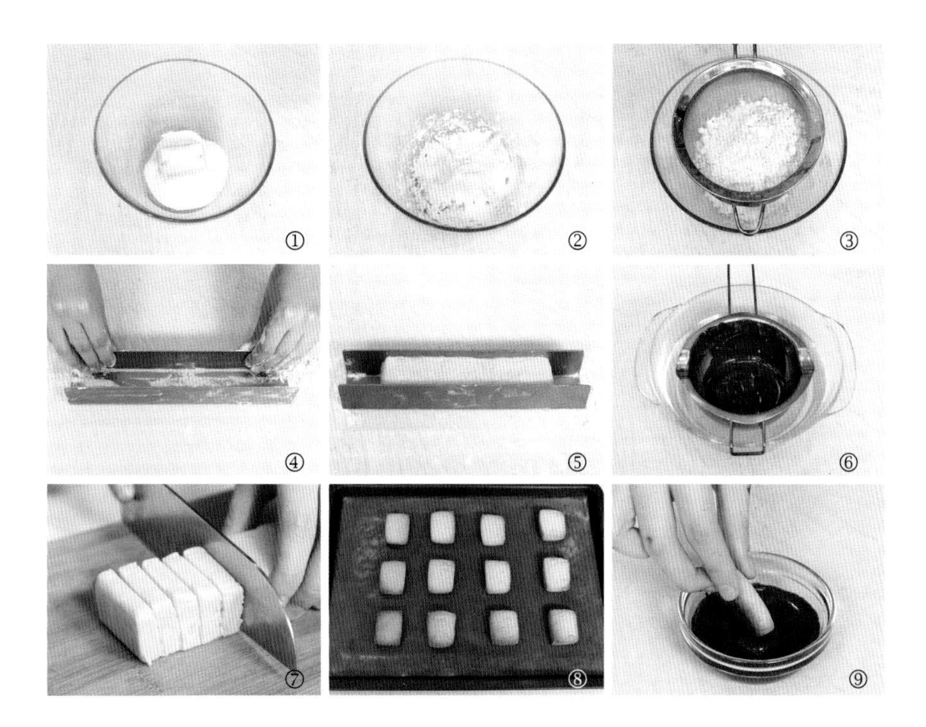

180℃ 15~18 分钟

1. 无盐黄油室温软化加细砂糖，搅打至颜色发白、体积膨胀。
2. 筛入奶粉，用橡皮刮刀搅拌均匀。
3. 筛入低筋面粉，用橡皮刮刀翻拌均匀至无干粉。
4. 在饼干模具上抹些许低筋面粉，方便脱膜。
5. 将面团放入模具中，整成正方形，并放入冰箱冷藏 30 分钟，方便切片操作。
6. 将黑巧克力隔水熔化成巧克力液，水温不要超过 50℃。
7. 拿出饼干，切片，约 5 毫米的厚度。
8. 将饼干坯移到铺了油纸或者油布的烤盘上，以 180℃烘烤 15~18 分钟。
9. 拿出后，沾些许巧克力液，晾干后即可食用。

材料

无盐黄油……50 克

黄糖糖浆……40 克

盐……1 克

淡奶油……10 克

低筋面粉……60 克

全麦面粉……50 克

1. 无盐黄油室温软化，加入黄糖糖浆、盐，使用橡皮刮刀翻拌均匀。
2. 加入淡奶油，翻拌均匀。
3. 筛入低筋面粉。
4. 再加入全麦面粉。
5. 先用橡皮刮刀切拌至无干粉，再揉成光滑的面团。
6. 使用擀面杖将面团擀成厚度为 3 毫米的面片。
7. 用圆形压模压出饼干坯。
8. 在饼干表面用叉子戳出透气孔。
9. 放入预热 180℃的烤箱，烘烤 12 分钟，在烤箱内放置 5~10 分钟，即可出炉。

杏仁酥脆饼干

材料

无盐黄油……50 克

细砂糖……35 克

全蛋液……25 克

香草精……1 克

低筋面粉……120 克

杏仁粉……14 克

泡打粉……1 克

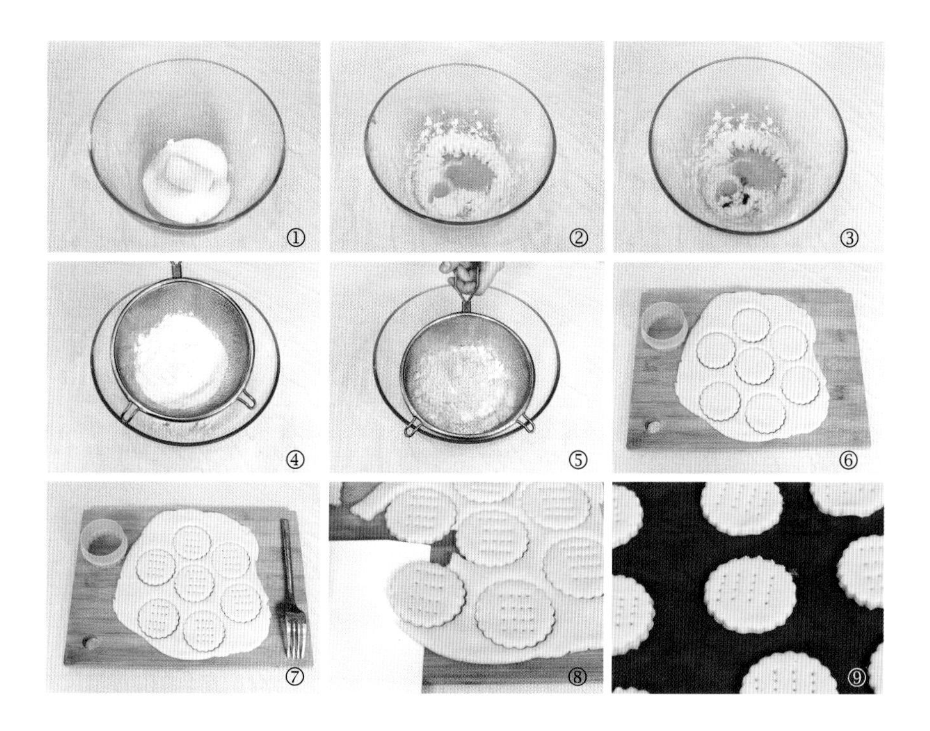

1. 无盐黄油室温软化，加入细砂糖，用电动打蛋器搅打，至颜色变浅，微微膨胀，呈蓬松羽毛状。
2. 加入全蛋液。
3. 再加入香草精，与全蛋液一起搅打均匀。
4. 筛入低筋面粉。
5. 再筛入杏仁粉、泡打粉。
6. 先用橡皮刮刀翻拌至无干粉，后揉成光滑的面团，用擀面杖将面团擀成厚度为 3 毫米的面片。
7. 用叉子为面片戳上透气孔。
8. 使用白色刮板，将压好的面片移动到铺了油纸或者油布的烤盘上。
9. 烤箱预热 180℃，将烤盘置于烤箱中层，烘烤 15 分钟即可。

Part 3

造型饼干篇

想不想让你的饼干看上去可爱一点？本章将介绍如何制作有爱的造型饼干，使你的饼干造型多变，创意满满，为生活增添色彩。

双色拐杖饼干

材料

无盐黄油……50 克

糖粉……35 克

全蛋液……20 克

低筋面粉……120 克

红色色素……适量

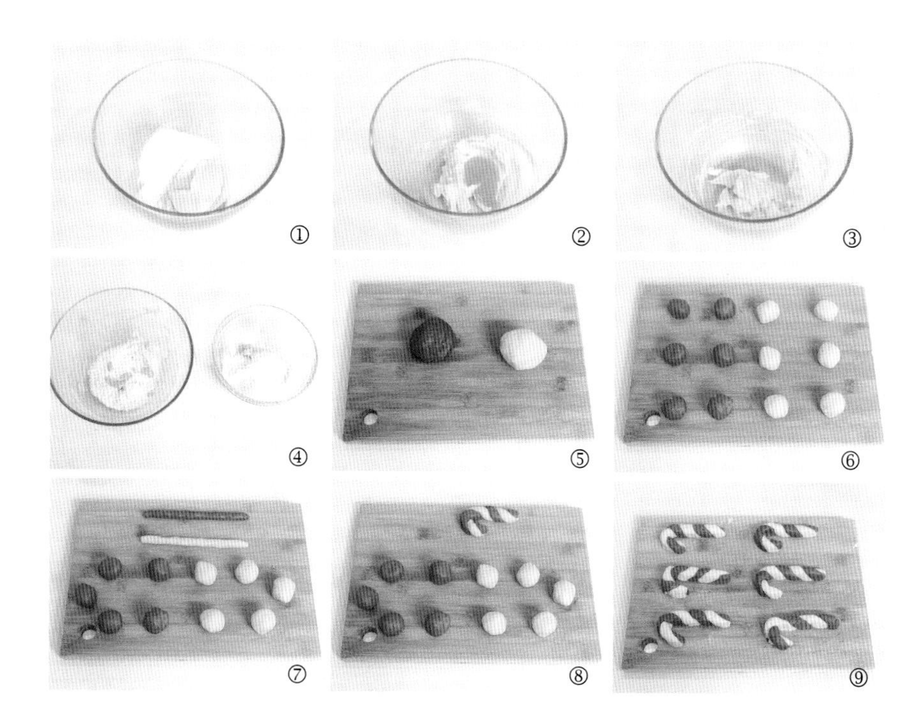

170℃ 15~18 分钟

1. 无盐黄油室温软化，加入糖粉，用橡皮刮刀混合均匀。
2. 加入一半的全蛋液。
3. 搅匀后，再加入剩余的全蛋液，使无盐黄油与全蛋液充分混合。
4. 拿出一个小碗，将一半的无盐黄油与全蛋液的混合液舀出，并各筛入 50 克低筋面粉。
5. 分别揉成光滑的面团，其中一个面团揉入红色色素。
6. 将两份面团分成每个重量为 10 克的小面团。
7. 将分好的两个颜色的面团都搓成小条。
8. 像卷麻花一样卷起，并摆成拐杖的形状。
9. 烤箱预热 170℃，将烤盘置于烤箱的中层，烘烤 15~18 分钟，完毕后在烤箱内放置 15~20 分钟，出炉凉凉即可食用。

姜饼人

材料

无盐黄油……50 克
黄糖糖浆……20 克
盐……1 克
泡打粉……1 克
全蛋液……10 克
姜粉……5 克
玉桂粉……2 克
低筋面粉……100 克

170℃ 15 分钟

1. 无盐黄油室温软化，加入黄糖糖浆、全蛋液，搅拌均匀。
2. 筛入姜粉。
3. 再筛入玉桂粉。
4. 加入泡打粉。
5. 过筛混合了盐的低筋面粉。
6. 用橡皮刮刀切拌均匀，揉成光滑的姜饼面团，将面团擀成厚度为 5 毫米的面片。
7. 用姜饼人模具压出相应形状。
8. 烤箱预热 170℃，烤盘置于烤箱中层，烘烤 15 分钟。待出炉凉凉，用巧克力笔和彩色糖片装饰，晾干后即可食用。

伯爵茶飞镖饼干

材料

无盐黄油……45 克
糖粉……25 克
盐……1 克
全蛋液……10 克
低筋面粉……50 克
泡打粉……1 克
伯爵茶粉……5 克
香草精……1 克

170℃ 15~18 分钟

1. 无盐黄油室温软化，加入糖粉，搅打至蓬松羽毛状。
2. 加入全蛋液，搅打均匀。
3. 加入香草精，搅打均匀。
4. 加入盐，搅打均匀。
5. 将伯爵茶粉放入无盐黄油碗中。
6. 筛入混合了泡打粉的低筋面粉。
7. 用橡皮刮刀翻拌至无干粉，并揉成光滑的面团，用擀面杖将面团擀成厚度为 3 毫米的面片。
8. 使用花型模具和圆形裱花嘴制作出飞镖的形状。
9. 将饼干坯移动到铺了油纸的烤盘上，以 170℃烘烤 15~18 分钟即可。

咖啡奶瓶饼干

材料

无盐黄油……50 克

糖粉……50 克

全蛋液……20 克

低筋面粉……105 克

泡打粉……1 克

盐……1 克

咖啡粉……5 克

香草精……1 克

 160℃  15 分钟

1. 无盐黄油室温软化，加入糖粉，搅打至蓬松羽毛状。
2. 加入全蛋液，搅打均匀。
3. 加入香草精，搅打均匀。
4. 加入低筋面粉和咖啡粉。
5. 将低筋面粉和咖啡粉混合过筛。
6. 加入泡打粉、盐。
7. 用橡皮刮刀翻拌至无干粉，并揉成光滑的面团。
8. 如果咖啡粉没有完全化开的话可以多揉两下，再将面团擀成厚度为 3 毫米的面片，并用奶瓶模具压出奶瓶的形状。
9. 烤箱预热 160℃，烤盘置于烤箱的中层，烘烤 15 分钟即可。

橡果饼干

材料

无盐黄油……50 克
糖粉……25 克
盐……1 克
全蛋液……25 克
低筋面粉……100 克
泡打粉……1 克
黑巧克力……50 克

 160℃  18~20 分钟

1. 无盐黄油室温软化。
2. 加糖粉。
3. 用橡皮刮刀搅拌均匀。
4. 加入全蛋液混合均匀。
5. 加盐混合均匀。
6. 筛入混合了泡打粉的低筋面粉。
7. 用橡皮刮刀切拌至无干粉，揉成光滑的面团。
8. 将面团分成每个重量在 6~7 克的小面团。
9. 用手将小面团搓成橡果的形状。

⑩ 将小面团放在铺了油纸的烤盘上，烤箱预热160℃，烤盘置于烤箱中层，烘烤18~20分钟，饼干出炉凉凉。

⑪ 将黑巧克力放入小锅中，隔热水熔化成液体。

⑫ 将凉透的饼干的头部沾上黑巧克力溶液。

⑬ 待黑巧克力凝固后即可食用。

TIPS

注意隔水熔化黑巧克力的过程中，水温不要超过50℃，否则黑巧克力溶液会变得黏稠发黑，口感变差。可可脂的含量越高，则熔化巧克力的温度越高，但是不得超过55℃。

樱桃硬糖曲奇

材料

无盐黄油……50 克

糖粉……25 克

盐……1 克

全蛋液……20 克

低筋面粉……100 克

泡打粉……1 克

樱桃味硬糖……适量

黑巧克力……适量

做法

 160℃转 180℃  12~15 分钟

1. 无盐黄油室温软化。
2. 加糖粉打发，至呈现出蓬松羽毛状。再加入盐，搅打均匀。
3. 加入全蛋液，搅打均匀，可以分次加入，每次加入都需搅打至完全融合方可加入第二次。
4. 将低筋面粉和泡打粉筛入黄油碗中。
5. 用橡皮刮刀将粉类切拌均匀至无干粉，揉成光滑的面团。
6. 用擀面杖将面团擀成厚度约为 2 毫米的面片。
7. 使用花型压模压出形状。
8. 其中一半压好的面片，用裱花嘴压出对称的小圆。
9. 将压了小圆的面片贴合在完整的面片之上。

⑩ 面片置于铺了油纸的烤盘上，烤箱预热 160℃，将烤盘置于烤箱的中层，烘烤 7~8 分钟至半熟。

⑪ 将樱桃硬糖压碎。

⑫ 取出半熟的饼干，将糖碎放在饼干的小圆凹槽中。烤箱升温至 180℃，将烤盘置于烤箱的中层，烘烤 5~7 分钟。

⑬ 观察饼干上色情况和硬糖的熔化程度，调整烘烤的时间和烘烤温度。

⑭ 用装入了隔水熔化的黑巧克力液的裱花袋在凉凉的饼干上装饰出樱桃梗的形状。待巧克力液晾干后，即可食用。

TIPS

之所以要在烘烤过程中将温度升至 180℃，是因为硬糖的熔点极高，如果不到 180℃的话，有可能无法熔成糖浆，饼干造型失败的概率会增加。在烘烤中需要注意细节。

绿茶圣诞树饼干

材料

无盐黄油……50 克

细砂糖……50 克

盐……1 克

绿茶粉……6 克

低筋面粉……105 克

泡打粉……1 克

1. 无盐黄油室温软化，加入细砂糖搅打至呈蓬松羽毛状。
2. 加入盐，搅打均匀。
3. 筛入绿茶粉，搅打均匀。
4. 泡打粉和低筋面粉混合过筛。
5. 用橡皮刮刀翻拌至无干粉后，揉成光滑的面团。
6. 将面团擀成厚度为 3 毫米的面片。
7. 用圣诞树模具压出相应的形状。
8. 烤箱预热 180 ℃，烤盘置于烤箱的中层，烘烤 10~12 分钟即可出炉。

连心奶香饼干

材料

无盐黄油……65 克

糖粉……50 克

蛋黄……1 个

香草精……1 克

低筋面粉……130 克

食用色素……适量

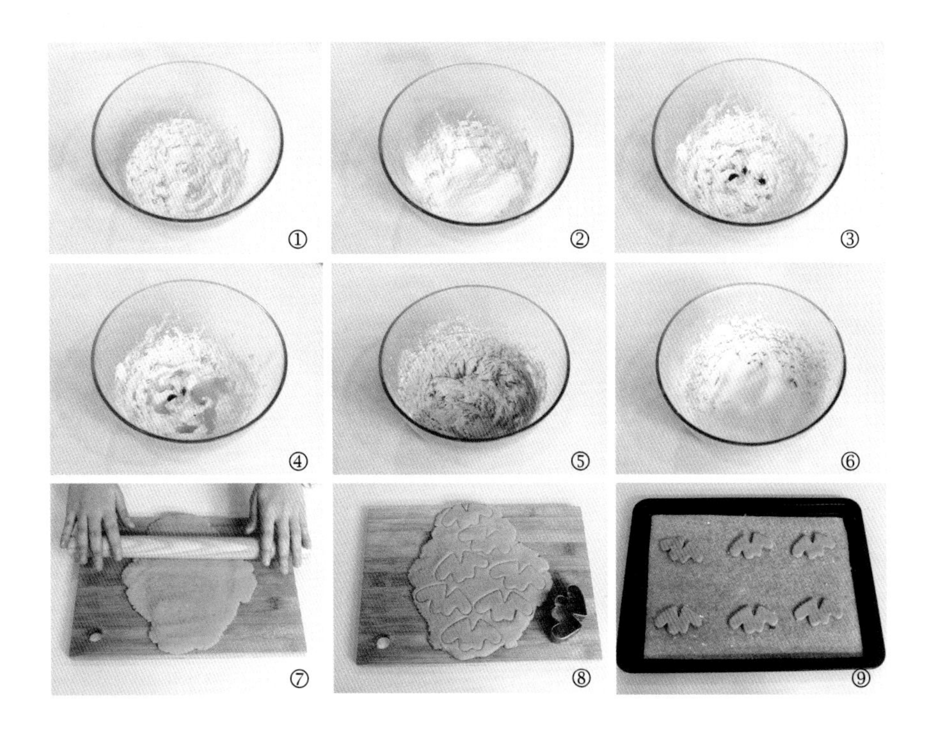

160℃ 15 分钟

1. 无盐黄油室温软化，稍打至体积膨胀、颜色变浅。
2. 加入糖粉，搅打均匀。
3. 加入香草精。
4. 加入蛋黄，搅打均匀。
5. 加入食用色素，将色素与黄油搅拌均匀。
6. 筛入低筋面粉，用橡皮刮刀翻拌至无干粉。
7. 揉成光滑的面团后，用擀面杖将其擀成厚度为 3 毫米的面片。
8. 用连心模具压出相应的形状。
9. 烤箱预热 160℃，将烤盘放置在烤箱的中层，烘烤 15 分钟后在烤箱内放置 8~10 分钟即可。

万圣节手指饼

材料

无盐黄油……65 克

低筋面粉……140 克

糖粉……50 克

牛奶……20 克

香草精……2 克

完整的大杏仁……适量

 160℃转 150℃  20 ~ 22 分钟

1. 无盐黄油室温软化，加入糖粉。
2. 用电动打蛋器打至黄油体积膨胀、颜色变浅。
3. 加入牛奶。
4. 加入香草精，搅打均匀。
5. 再筛入低筋面粉。
6. 用橡皮刮刀翻拌至无干粉。
7. 用手将面团揉紧实。
8. 揉成一个光滑的原味奶香面团。
9. 将面团分成 10 克一个的小面团。

⑩ 用双手将小面团搓成手指的形状。

⑪ 拿出一颗完整的大杏仁，尖头朝外，压在饼干坯上，做成手指饼干的指甲。

⑫ 将制作好的手指饼干移到铺了油纸的烤盘上，以160℃先烘烤10分钟。

⑬ 再调节温度降至150℃，烘烤10~12分钟，拿出后凉凉即可。

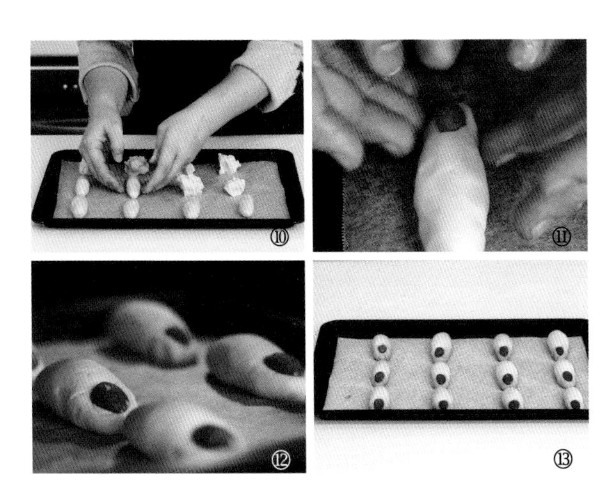

TIPS

如果饼干凉凉后出现杏仁脱离的情况，可以使用些许巧克力熔液将杏仁与饼干黏合起来。入炉前如果希望饼干颜色更深，可以在表面涂一层全蛋液，达到想要的效果。

长颈鹿装饰饼干

材料

无盐黄油……65 克

糖粉……50 克

蛋黄……1 个

香草精……1 克

低筋面粉……130 克

巧克力笔……若干

1. 准备一个干净的搅拌盆，并拿出电动打蛋器和橡皮刮刀。
2. 将室温软化的无盐黄油放入搅拌盆中。
3. 加入糖粉，并用电动打蛋器搅打至蓬松羽毛状。
4. 加入蛋黄。
5. 再加入香草精，同蛋黄一起均匀搅打在黄油中。
6. 筛入低筋面粉，用橡皮刮刀切拌至无干粉的状态。
7. 用手将面团揉紧实。
8. 揉成一个光滑的面团。
9. 使用擀面杖将面团擀成厚度为 3 毫米的面片。

⑩ 拿出长颈鹿模具，压出相应形状的饼干坯，多余的边角可以反复擀成面片并压出形状。

⑪ 用刮板去除多余的边角面皮，轻轻铲起造型面片，移动到铺了油纸的烤盘上。

⑫ 烤箱预热 160℃，将烤盘置于烤箱的中层，烘烤 15 分钟。

⑬ 出炉凉凉后，使用巧克力笔为长颈鹿饼干装饰出花纹。待巧克力液凉凉后即可食用。

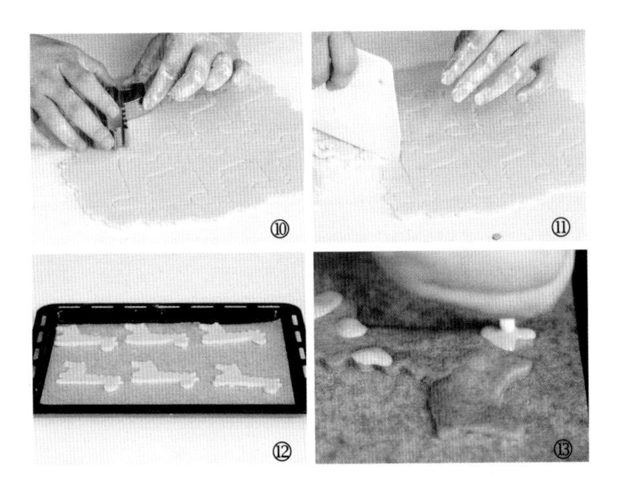

TIPS

烘烤时，注意观察饼干坯上色的状况，以调节烤箱的温度和烘烤时间。可使用饼干测试烤箱温度是否均匀。用原味饼干坯入炉，烤出的饼干颜色深，对应烤箱位置的温度就高。

海星饼干

材料

无盐黄油……65 克

糖粉……50 克

蛋黄……1 个

香草精……2 克

低筋面粉……130 克

硬糖……适量

160℃转 180℃  16~18 分钟

1. 无盐黄油室温软化，用电动打蛋器打至发白膨胀。
2. 加入糖粉，打至蓬松羽毛状。
3. 放入蛋黄，搅打均匀。
4. 再加入香草精提升饼干风味，或者按个人喜好加入其他口味的香精。
5. 搅打均匀后筛入低筋面粉。
6. 用橡皮刮刀摁压至无干粉的状态。
7. 用手揉成一个光滑的面团。
8. 用擀面杖将面团擀成厚度为 2 毫米的面片。
9. 准备两个星星模具，大的星星先压饼干坯。

⑩ 再在其中一半的星星中央压摁小的星星，将小星星移出形成镂空。

⑪ 得到一半镂空的饼干和一半星星形状的饼干，将镂空的饼干坯覆盖在星星饼干坯上。

⑫ 准备一个密封袋，用擀面杖将硬糖压碎。

⑬ 把硬糖碎放在饼干坯镂空的地方。

⑭ 入炉烘烤，先以160℃烘烤10分钟定型，然后将温度升至180℃，烘烤6~8分钟，将硬糖烤至完全熔化，拿出后凉凉即可食用。

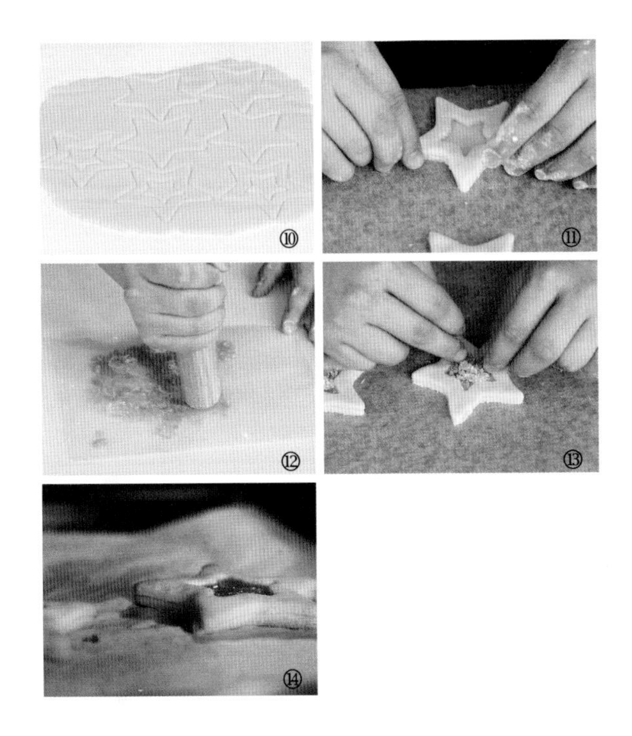

TIPS

硬糖可以根据喜好选择任意口味，甚至每颗星星可以用不同口味不同颜色的硬糖，牛奶类的硬糖也可以，不过相对来说熔点较低，可以将温度降至160℃，烘烤6~8分钟。

星星造型饼干

材料

无盐黄油……65 克

糖粉……50 克

蛋黄……1 个

香草精……1 克

低筋面粉……130 克

1. 无盐黄油室温软化，稍打至体积膨胀，颜色变浅。加入糖粉，搅打均匀。加入蛋黄，搅打均匀。
2. 加入香草精，搅打均匀。
3. 筛入低筋面粉，用橡皮刮刀翻拌至无干粉。
4. 揉成光滑的面团。
5. 用擀面杖将其擀成厚度为 3 毫米的面片。
6. 用星星模具压出相应的形状。
7. 烤箱预热 160℃，将烤盘放置在烤箱的中层，烘烤 15 分钟后，在烤箱内放置 8~10 分钟即可。

椰蓉爱心饼干

材料

无盐黄油……65 克

糖粉……50 克

蛋黄……1 个

香草精……1 克

椰蓉……30 克

低筋面粉……100 克

160℃ 15分钟

1. 无盐黄油室温软化，打至体积微微膨胀，颜色变浅，加入糖粉、蛋黄，搅打均匀。
2. 加入香草精。
3. 加入椰蓉，将椰蓉与黄油搅拌均匀。
4. 筛入低筋面粉，用橡皮刮刀翻拌至无干粉。
5. 揉成光滑的面团。
6. 用擀面杖将其擀成厚度为 3 毫米的面片。
7. 用爱心模具压出相应的形状。
8. 烤箱预热 160℃，将烤盘放置在烤箱的中层，烘烤 15 分钟后，在烤箱内放置 8~10 分钟即可。

Part 4. 酥脆曲奇篇

曲奇的酥脆，少有人能抗拒。除了经典的原味曲奇外，还有各种口感、不同造型的美味曲奇，它们入口即化，使人吞咽的每一口，都是幸福的滋味。

M豆燕麦巧克力曲奇

材料

无盐黄油……55克

黄糖糖浆……40克

低筋面粉……60克

可可粉……6克

泡打粉……2克

香草精……2克

燕麦片……25克

彩色巧克力豆……25克

做法

170℃ 15~18 分钟

❶ 无盐黄油室温软化。

❷ 用电动打蛋器将无盐黄油稍打后，加入黄糖糖浆。

❸ 使用电动打蛋器将黄油打至微微发白、体积膨胀，呈蓬松羽毛状。

❹ 加入香草精，搅打均匀。

❺ 加入低筋面粉。

❻ 再加入可可粉。

❼ 最后加入泡打粉。

❽ 将粉类均匀混合过筛，加入到黄油碗中。

❾ 用橡皮刮刀翻拌均匀后加入燕麦片。

⑩ 将燕麦与可可糊混合均匀。

⑪ 拿一个裱花袋，将燕麦可可糊放入其中。

⑫ 裱花袋的尖处剪出一个直径为 0.7 厘米的开口。

⑬ 在铺了油纸的烤盘上挤出燕麦可可面糊，以顺时针方向，由外向内划圈，至中心挤满。

⑭ 将彩色巧克力豆按在挤好的面糊上，准备入炉烘烤。

⑮ 烤箱预热 170℃，烤盘置于烤箱的中层，烘烤 15~18 分钟即可。

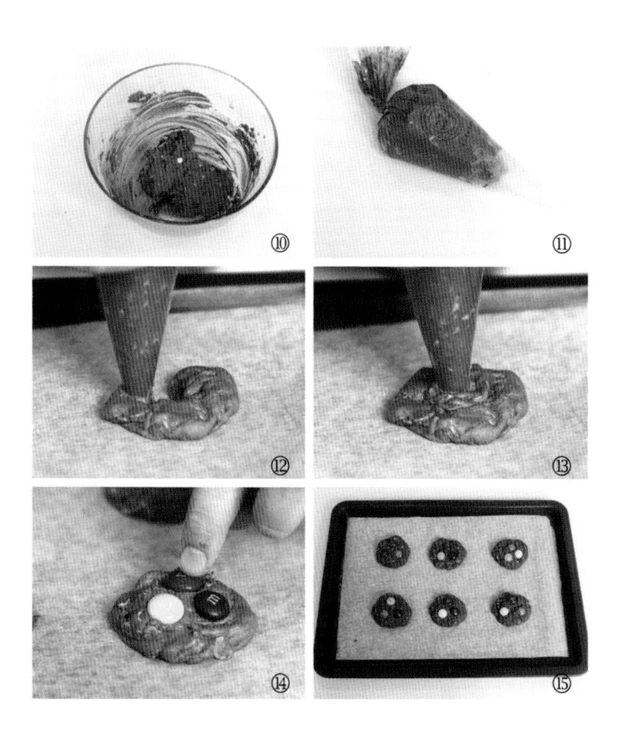

TIPS

如果想吃巧克力口味更浓郁的饼干，可以将黄糖糖浆替换成等量的巧克力炼乳，或者是隔水熔化的白巧克力溶液。同时糖浆的口味也可以更换成焦糖、香草等各种风味。

瓦片杏仁曲奇

材料

蛋白……80 克

糖粉……80 克

低筋面粉……50 克

杏仁片……100 克

无盐黄油……36 克

做法

 160℃  18~25 分钟

1. 将蛋白放入一个无水无油的搅拌盆中。
2. 加入三分之一糖粉，搅打至蛋白起大泡。
3. 接着加入三分之一糖粉，搅打至蛋白的泡变小。
4. 最后一次性加入所有的糖粉。
5. 搅打至蛋白变硬，富有光泽，也就是硬性发泡的状态。
6. 筛入低筋面粉。
7. 使用橡皮刮刀翻拌均匀，至无颗粒细腻的状态。
8. 将无盐黄油隔水熔化成液体。
9. 倒入面糊中，搅拌均匀。

⑩ 一次性加入所有的杏仁片，充分混合。

⑪ 让面糊包裹每一片杏仁。将完成的面糊装入裱花袋，剪一个直径为 1 厘米的开口。

⑫ 裱花袋与烤盘垂直，轻轻挤出面糊，面糊的直径大约为 5 厘米。

⑬ 烤箱预热 160 ℃，烤盘置于烤箱中层，烘烤 18~25 分钟，观察曲奇上色的状况，调节烤箱温度以及烘烤的时间。

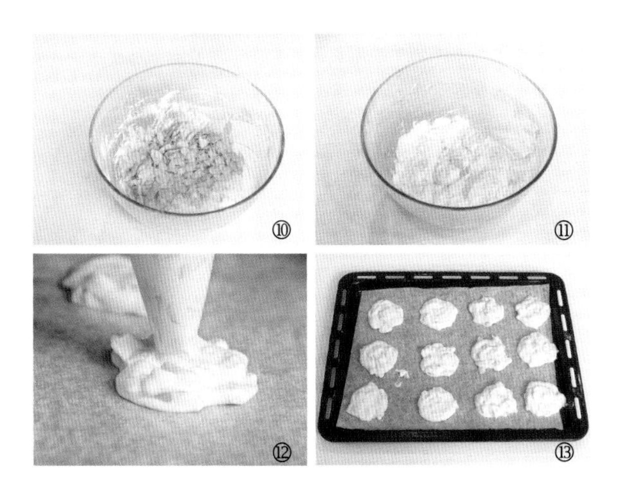

TIPS

如果喜欢杏仁，可以在入炉前，在饼干表面放上些许杏仁片。如果希望饼干更薄，可使用瓦片模具，注入曲奇糊后，用刮板将多余的面糊刮掉，则可得到轻薄酥脆的杏仁曲奇。

蜂巢杏仁曲奇

材料

无盐黄油……100 克

细砂糖……120 克

蜂蜜……40 克

牛奶……50 克

大杏仁……140 克

香草精……1 克

低筋面粉……140 克

做法

 170℃   20~25 分钟

❶ 无盐黄油隔水熔化。

❷ 将熔化的无盐黄油放入一个无水无油的搅拌盆中。

❸ 加入细砂糖。

❹ 用橡皮刮刀搅拌均匀。

❺ 准备一个透明的密封袋，放入大杏仁，用擀面杖将完整的杏仁擀成杏仁碎。

❻ 将杏仁碎加入到黄油盆中，翻拌均匀。

❼ 加入蜂蜜，搅拌均匀。

❽ 加入牛奶，搅拌均匀。

❾ 最后加入香草精，搅拌至完全融合。

⑩ 一次性过筛低筋面粉。

⑪ 用橡皮刮刀切拌至无干粉、面糊光滑细腻的状态。

⑫ 准备一个裱花袋，将已经完成的光滑的面糊放入其中，剪一个直径为 0.8 厘米的开口，裱花袋垂直于烤盘，将面糊挤入放了油纸的烤盘中。

⑬ 烤箱预热 170℃，烤盘置于烤箱的中层，烘烤 20~25 分钟。

TIPS

面糊装入裱花袋时，可以将裱花袋装在一个杯子里套着，倒入面糊，这样面糊就会轻松进入裱花袋。

浓香黑巧克力曲奇

材料

无盐黄油……80 克

玉米糖浆……70 克

全蛋液……60 克

牛奶……20 克

58% 黑巧克力片……100 克

低筋面粉……150 克

泡打粉……1 克

可可粉……12 克

入炉巧克力……20 克

170℃ 15~18 分钟

❶ 无盐黄油室温软化。

❷ 加入玉米糖浆。

❸ 使用电动打蛋器将其搅打至蓬松羽毛状。

❹ 加入全蛋液，搅打均匀。

❺ 加入牛奶，搅打均匀。

❻ 将黑巧克力隔水加热熔化，注意水温不能超过 50℃。

❼ 将熔化的黑巧克力液一次性加入到无盐黄油中。

❽ 搅拌均匀后，筛入可可粉。

❾ 将低筋面粉一次性过筛。

⑩ 使用橡皮刮刀大力将粉类与黄油混合均匀。

⑪ 准备一个裱花袋，将面糊装入其中。

⑫ 将裱花袋剪出一个直径为 0.8 厘米的开口，裱花袋微微倾斜，与烤盘呈 75°，以划圈的方式，由外向里挤出面糊。

⑬ 在挤好的曲奇坯上放入炉巧克力。

⑭ 烤箱预热 170℃，将烤盘置于烤箱的中层，烘烤 15~18 分钟。出炉凉凉即可食用，可配合牛奶或微甜的饮品食用。

TIPS

如果是白巧克力的话，熔化温度不可以超过 45℃。可可脂含量越高，巧克力的熔化温度越高，但最高不要超过 55℃。相对来说水温要略高一些，因为隔水状态下温度有流失。

咖啡蘑菇造型曲奇

材料

无盐黄油……80 克

细砂糖……60 克

低筋面粉……120 克

咖啡粉……8 克

牛奶……30 克

58% 黑巧克力片……40 克

彩色糖粒……适量

做法

160℃ 10~12 分钟

❶ 无盐黄油室温软化，用电动打蛋器稍打一下，至蓬松发白。
❷ 加入细砂糖，搅打均匀，至蓬松羽毛状。
❸ 牛奶加温倒入咖啡粉中，搅拌均匀。
❹ 将咖啡溶液加入到无盐黄油碗中，用电动打蛋器搅打均匀。
❺ 过筛低筋面粉。
❻ 将粉类和黄油摁压至无颗粒、光滑细腻的状态。
❼ 将咖啡面糊装入套有圆形裱花嘴的裱花袋中。
❽ 裱花袋剪开一个 1 厘米的口子，将花嘴推出，准备完毕。
❾ 在铺了油纸的烤盘上挤出咖啡蘑菇柄，此时烤箱预热 160℃。

⑩ 准备一盆热水，水温不超过50℃，将黑巧克力片放入其中，隔水熔化成巧克力液。

⑪ 烤箱预热完毕，将烤盘置于烤箱的中层，以160℃烘烤10~12分钟，拿出凉凉。

⑫ 将饼干的一头蘸上黑巧克力熔液，在表面撒些许彩色糖粒，即可食用。

⑩

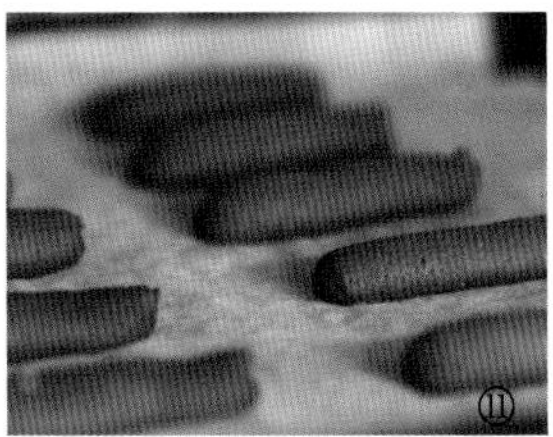
⑪

⑫

TIPS

糖粒不要用蘸的方式，因为会使巧克力表面变得凹凸不平，且糖粒会变得很脏，造型上不美观。

Je suis
contente

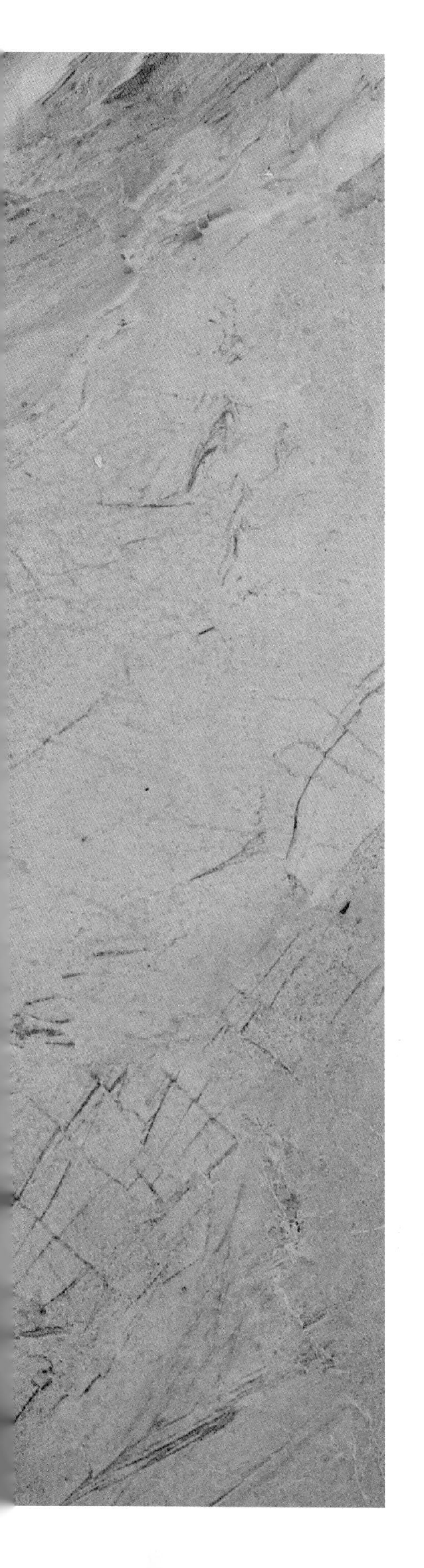

原味挤花曲奇

材料

无盐黄油……115 克

糖粉……40 克

牛奶……15 克

低筋面粉……115 克

做法

170℃ 15分钟

❶ 将无盐黄油放入一个无水无油的干净搅拌盆中，室温软化。

❷ 先用电动打蛋器将黄油搅打至蓬松发白。

❸ 加入糖粉，搅打至羽毛状。

❹ 此时加入牛奶，提升风味，搅打至牛奶与黄油完全融合。

❺ 筛入低筋面粉。

❻ 用橡皮刮刀摁压至无干粉，并搅拌至光滑细腻的状态。

❼ 将曲奇面糊加入到放了玫瑰花嘴的裱花袋中。

❽ 将裱花袋剪一个1厘米的开口，在铺了油纸的烤盘上，垂直挤出玫瑰花的形状。

❾ 每个花型曲奇之间要留有2~3厘米的空间。

⑩ 烤箱预热 170℃，烤盘置于烤箱的中层，烘烤 15 分钟至全熟。

⑪ 注意观察曲奇上色的状况，以调节烤箱温度及烘烤时间。如果发现未到时间，曲奇上色已经完成，可以提前拿出。

⑫ 拿出后将曲奇凉凉，即可食用。可以准备一个密封袋，将曲奇保存在阴凉干燥的地方 7~10 天。

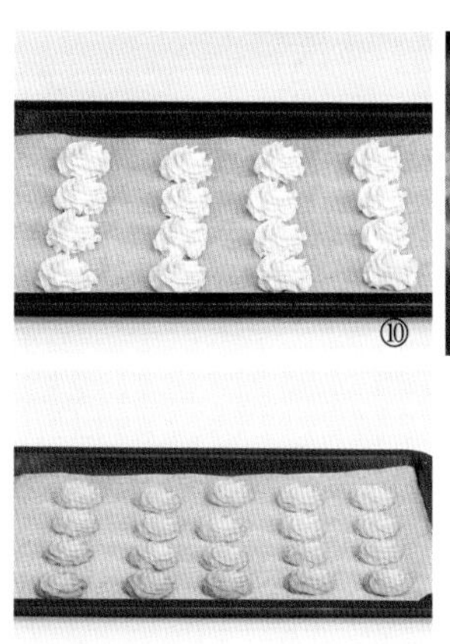

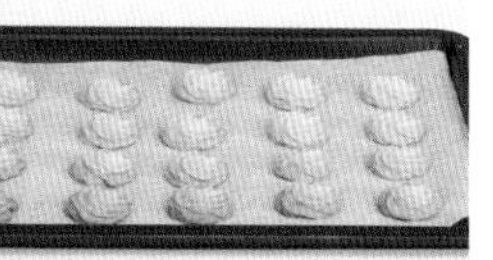

TIPS

挤花的形状可以随意，不同的花嘴和手法可以挤出不同的形状，可以自己尝试。不过每个挤花饼干的大小要尽量一致，否则烤出的饼干色泽会不均匀。

绿茶爱心挤花曲奇

材料

无盐黄油……100 克
糖粉……45 克
蛋白……30 克
低筋面粉……100 克
绿茶粉……15 克

170℃ 12~15 分钟

1. 无盐黄油室温软化。
2. 加入糖粉，搅打至蓬松羽毛状。
3. 倒入蛋白，搅打均匀，至蛋白与黄油完全融合，注意不要过度打发，否则曲奇的口感会变硬。
4. 将低筋面粉倒在筛网上。
5. 再加入绿茶粉，将两种粉类边混合均匀边过筛。
6. 用橡皮刮刀将粉类切拌至无干粉，并且将面糊搅拌成光滑细腻的状态。
7. 将面糊放入已经放了玫瑰花嘴的裱花袋中。
8. 将裱花袋剪一个直径为 1 厘米的开口 。
9. 在铺了油纸的烤盘上，挤出爱心的花型，第一步先用力挤出圆满的一端，收尾时放松，轻轻上提。

⑩ 第二步，挤出另一端，将两端的尾部连接在一起，同样最后轻轻上提。

⑪ 每朵曲奇之间要留有2~3厘米的空隙，准备入炉。

⑫ 烤箱预热170℃，烤盘置于烤箱的中层，烘烤12~15分钟，出炉后凉凉即可食用。可以准备密封袋，置于阴凉处保存。

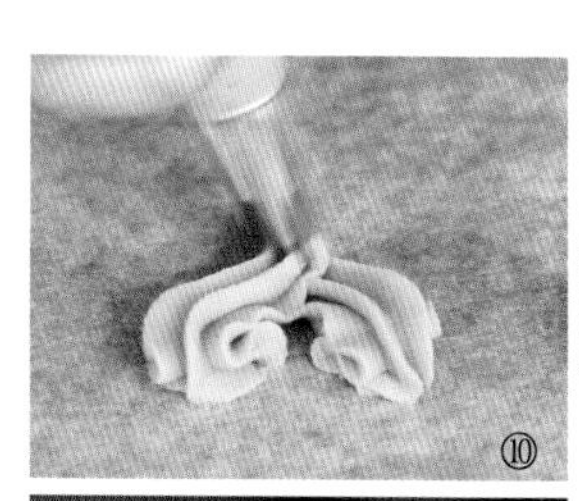

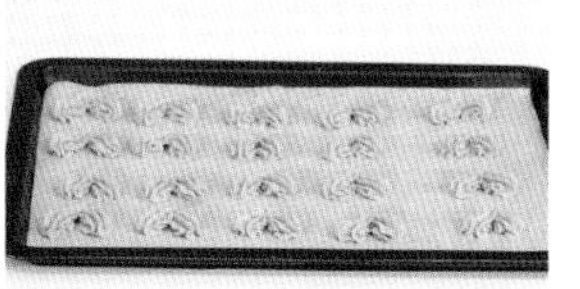

⑪

TIPS

曲奇可以保存1周左右，当然尽快食用的话，可以吃到最佳的口感。

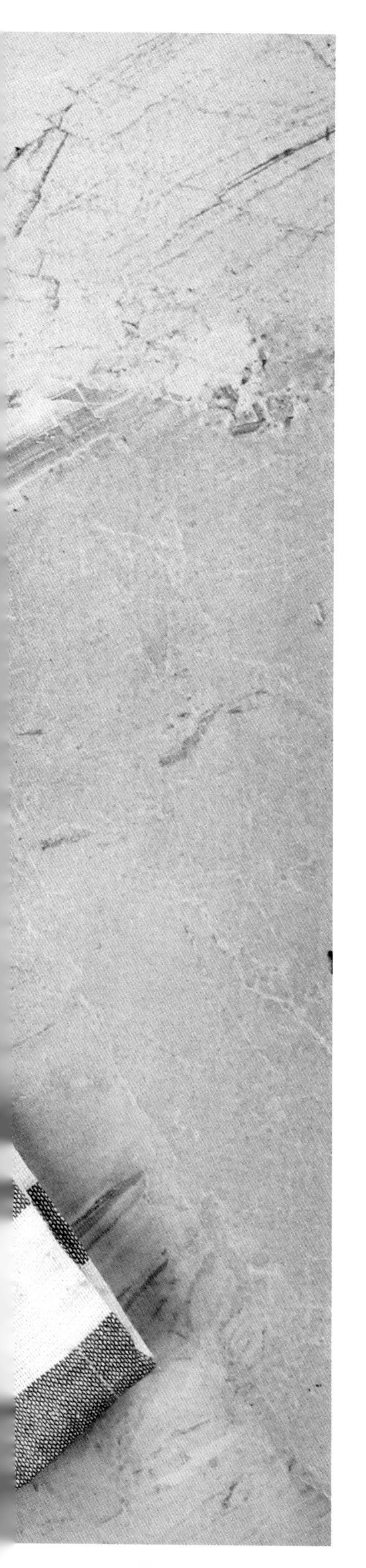

旋涡曲奇

材料

无盐黄油……50 克

糖粉……25 克

盐……1 克

全蛋液……20 克

低筋面粉……100 克

泡打粉……1 克

可可粉……8 克

做法

  160℃  15 分钟

❶ 将室温软化的无盐黄油用手动打蛋器搅拌均匀。

❷ 加入糖粉，搅至均匀无颗粒。

❸ 倒入全蛋液，搅拌均匀。

❹ 加盐，搅拌均匀。

❺ 加泡打粉，搅拌均匀。

❻ 过筛低筋面粉，用橡皮刮刀摁压至无干粉。

❼ 将面团分成 2 份，一份做原味面皮。

❽ 另一份面团筛入可可粉，揉成可可面团，做可可面皮。

❾ 铺上一层保鲜膜。

⑩ 可可面团置保鲜膜上，擀成厚度为 2 毫米的面片。

⑪ 同样，再铺一层新的保鲜膜，将原味面团放在上面，擀成厚度为 2 毫米的面片。

⑫ 将面片无保鲜膜的一面相对，均匀叠加在一起。

⑬ 揭开上层的保鲜膜，拎起下层保鲜膜的一端，将面片卷在一起。

⑭ 卷好的面片放入冰箱冷冻 30 分钟，至冻硬，以方便切片操作。

⑮ 将冻硬的面团切成厚度为 3 毫米的饼干坯，烤箱预热 160℃，烘烤 15 分钟即可出炉。

TIPS

饼干坯冷冻切片的最佳状态，是摸上去有一点硬，但稍用力感觉能摁下去。

燕麦红莓冷切曲奇

材料

无盐黄油……65 克

玉米糖浆……60 克

鸡蛋……1 个

即食燕麦……70 克

低筋面粉……100 克

泡打粉……1 克

红莓干……40 克

1. 准备一个无水无油的搅拌盆，并准备橡皮刮刀和手动打蛋器。
2. 将室温软化的无盐黄油放入其中。
3. 倒入玉米糖浆。
4. 用手动打蛋器大力搅拌至糖浆与黄油完全融合。
5. 加入鸡蛋。
6. 再加入红莓干。
7. 倒入即食燕麦片。
8. 将全蛋液、红莓干、即食燕麦同时搅拌均匀。
9. 筛入低筋面粉、泡打粉。

⑩ 用橡皮刮刀摁压至无干粉，并揉成光滑的面团。

⑪ 将面团搓成圆柱形。

⑫ 完成后，用油纸包裹，放入冰箱冷冻 30 分钟至冻硬，方便切片操作。

⑬ 拿出冻好的面团，进行切片操作，切出厚度为 3 毫米的饼干坯，置于铺了油纸的烤盘上，整齐罗列，饼干坯间留有空隙。

⑭ 烤箱预热 160℃，将烤盘置于烤箱中层，烘烤 15~18 分钟即可。

TIPS

红莓干可以用朗姆酒浸泡一晚上，切碎一些，这样加入面团中，风味更佳。

Part 5 特殊风味饼干篇

吃腻了黄油饼干，想来点不一样的味道？本章将为大家介绍几款咸香滋味的饼干，使用冷藏酥皮就能做出各种酥类制品，还有无需使用面粉的饼干哦！

芝士饼干

材料

无盐黄油……60 克

盐……1 克

糖……20 克

全蛋液……25 克

低筋面粉……120 克

芝士粉……50 克

 170℃ 15 分钟

1. 无盐黄油室温软化，加入盐。
2. 再加糖，用电动打蛋器打至体积变大、颜色发白。
3. 加入全蛋液，搅打均匀。
4. 筛入低筋面粉和芝士粉。
5. 用橡皮刮刀切拌均匀后，揉成光滑的面团。
6. 将面团用擀面杖擀成厚度为 3 毫米的面片。
7. 用花型模具压出饼干花型。
8. 拿出叉子，为饼干戳上透气孔。
9. 在饼干表面撒上芝士粉。将饼干坯放在铺了油纸的烤盘内，烤箱预热 170℃，将烤盘置于烤箱中层，烘烤 15 分钟，出炉凉凉即可食用。

奶香芝士饼干

材料

无盐黄油……50 克

盐……5 克

细砂糖……40 克

全蛋液……35 克

低筋面粉……120 克

芝士粉……50 克

牛奶……25 克

1. 无盐黄油室温软化，加入细砂糖和盐搅打至蓬松羽毛状。
2. 加入全蛋液和牛奶，搅打均匀。
3. 筛入低筋面粉和 30 克芝士粉，用橡皮刮刀切拌均匀后，揉成光滑的面团。
4. 将面团搓成长条。
5. 使用刮板将面团分成 20 克一个的小面团。
6. 将小面团捏成正方形。
7. 在表面划一个十字，并在表面撒上剩余的芝士粉。烤箱预热 160℃，烤盘置于烤箱的中层，烘烤 18 分钟即可出炉。

豆腐饼干

材料

豆腐……25 克

糖粉……20 克

全蛋液……50 克

盐……2 克

低筋面粉……60 克

泡打粉……1 克

1. 用纱布包裹豆腐，将豆腐内的多余水分沥出。
2. 并将豆腐捣烂备用。
3. 将全蛋液放入搅拌盆中。
4. 加入糖粉。
5. 翻拌均匀。
6. 加入盐，拌匀。
7. 再加入捣烂的豆腐。
8. 筛入低筋面粉。
9. 再筛入泡打粉，切拌至无干粉，揉成光滑的面团。

⑩ 在案板上铺油纸，将面团放在上面。

⑪ 用擀面杖将面团擀成厚度为 2 毫米的薄片。

⑫ 去除多余的边角，将面片整成方形。

⑬ 切成长方形的条状饼干坯。

⑭ 为每个饼干坯之间留出 2~3 厘米的空隙，并用小叉子为饼干戳上透气孔。

⑮ 将油纸放入烤盘，预热烤箱 175℃，烘烤 8~10 分钟即可。

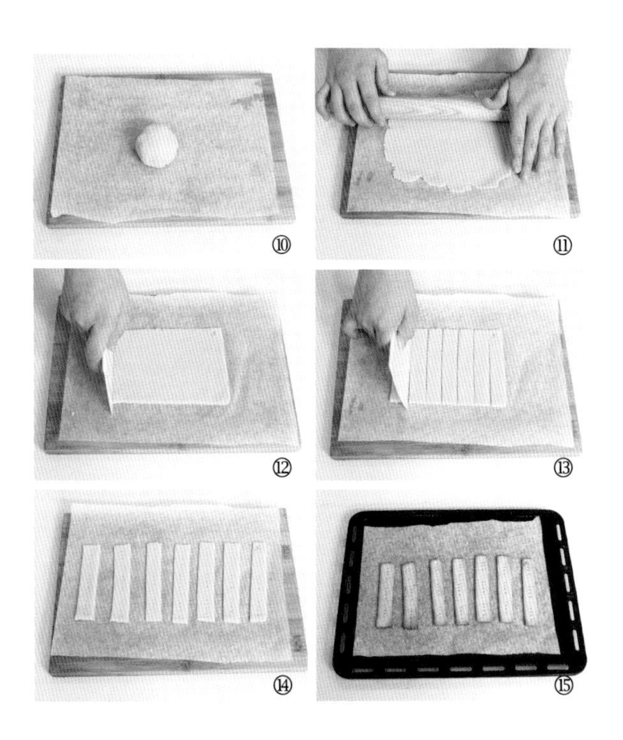

TIPS

为饼干戳上透气孔，是为了防止这类干性饼干在烘烤的过程中断裂。

海盐全麦饼干

材料

低筋面粉……100 克
全麦面粉……30 克
盐……1 克
泡打粉……1 克
无盐黄油……40 克
牛奶……50 克
海盐……适量

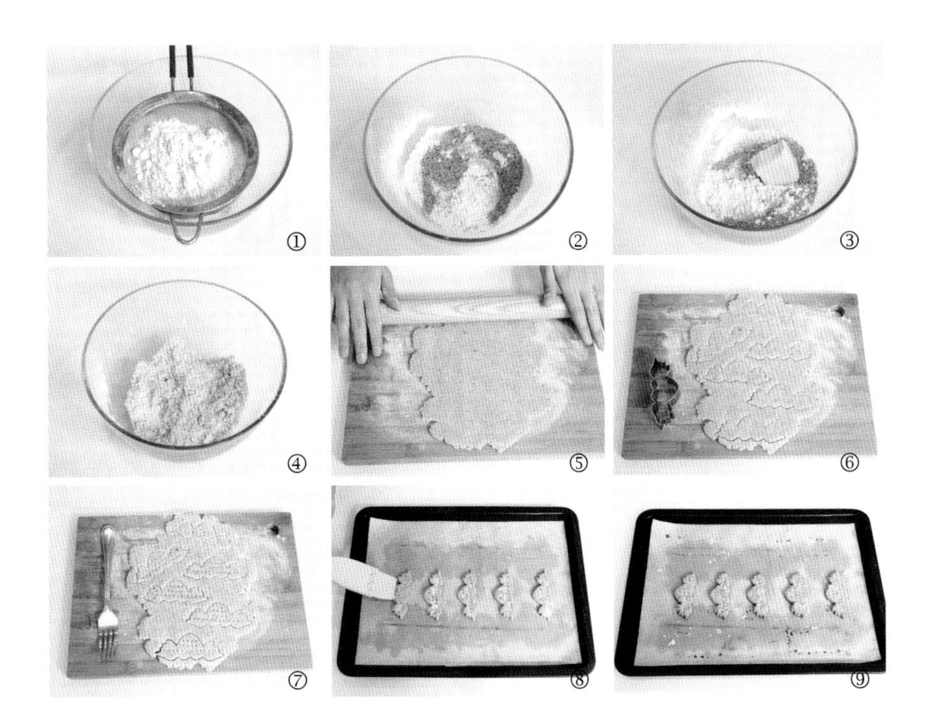

180℃ 15 分钟

1. 将低筋面粉过筛。
2. 再过筛全麦面粉，并放入盐。
3. 再放入泡打粉和无盐黄油，将无盐黄油与粉类混合均匀。
4. 倒入 30 克牛奶，混合均匀后，揉成光滑的面团。
5. 将面团用擀面杖擀成厚度为 3 毫米的面片。
6. 使用模具压出喜欢的形状。
7. 用叉子给饼干戳出透气孔，用刮板辅助移到烤盘上。
8. 使用毛刷，在饼干的表面刷上适量的牛奶。
9. 完毕后，撒上海盐，放入预热温度为 180℃的烤箱，烤盘置于烤箱的中层，烘烤 15 分钟即可。

迷你牛角酥

材料

冷藏酥皮……2 片

全蛋液……适量

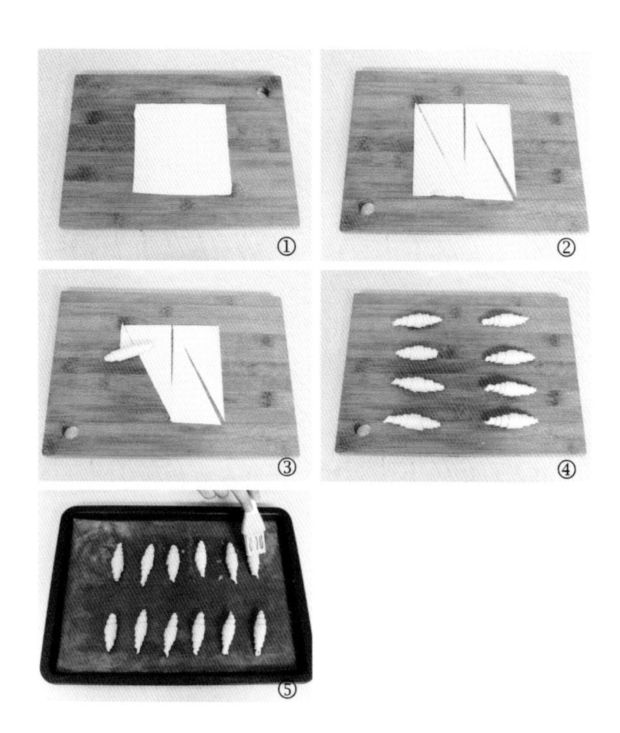

185℃ 10~15 分钟

1. 酥皮在室温解冻，至可以折叠不会断掉的状态。
2. 将酥皮从中间对剖，然后分成四个三角形。
3. 从三角形的底边卷起。
4. 做成迷你牛角的形状。
5. 入烤盘，在表面刷上全蛋液，烤箱预热 185℃，烤盘置于烤箱的中层，烘烤 10~15 分钟即可。

蝴蝶酥

材料

冷藏酥皮……3 片

全蛋液……适量

细砂糖……适量

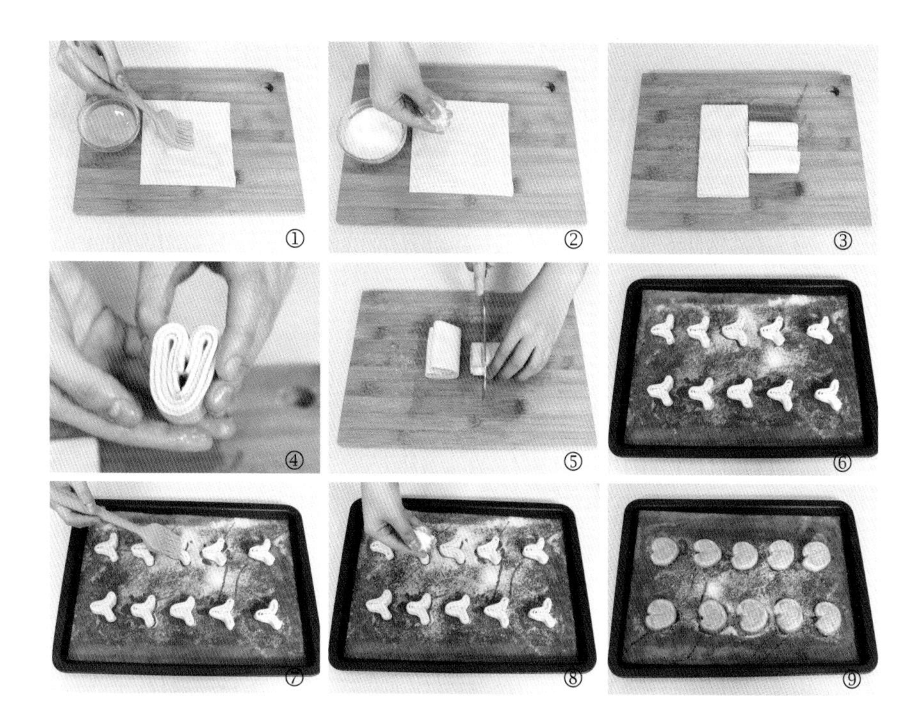

1. 酥皮在室温解冻，至可以折叠不会断掉的状态，在酥皮表面刷一层全蛋液。
2. 将细砂糖撒在涂了全蛋液的酥皮上面。盖上一层新的酥皮，重复以上动作，再盖上第三层酥皮，同样重复。
3. 将完成的酥皮从中间对剖，呈两个长方形，对边至中线折叠。
4. 再对折一次。
5. 将折好的酥皮切成厚度为 0.8 毫米的面片。
6. 将酥皮坯呈 Y 字形摆在烤盘上。
7. 在酥皮的表面刷上全蛋液。
8. 再撒上细砂糖。
9. 烤箱预热 185℃，将烤盘置于烤箱中层，烘烤 12~15 分钟即可。

意大利浓香脆饼

材料

杏仁粉……15克

细砂糖……30克

可可粉……8克

泡打粉……1克

低筋面粉……40克

杏仁片……15克

黑巧克力……15克

全蛋液……30克

无盐黄油……5克

香草精……1克

彩色糖片……适量

牛奶巧克力……适量

 180℃  20~22 分钟

❶ 在搅拌盆中加入杏仁粉、细砂糖。

❷ 筛入可可粉和泡打粉。

❸ 筛入低筋面粉。

❹ 用橡皮刮刀将粉类混合均匀。

❺ 加入杏仁片。

❻ 再加入黑巧克力碎。

❼ 将全蛋液加入到面粉盆中。

❽ 再加入香草精。

❾ 最后加入隔水加热熔化的无盐黄油，用橡皮刮刀将液体与粉类混合均匀，可可面团完成。

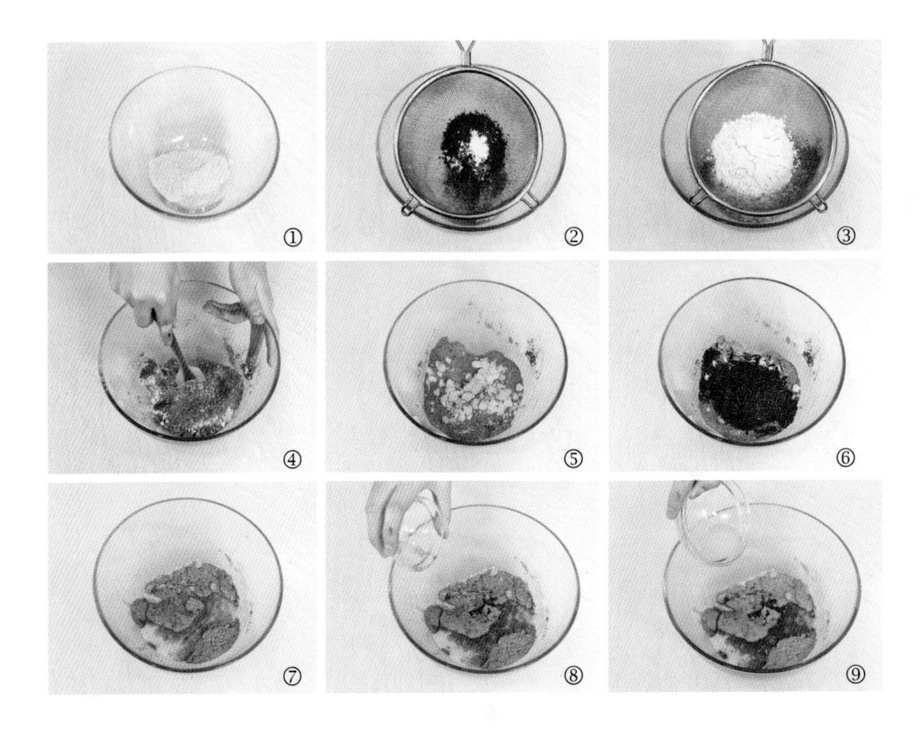

⑩ 将面团整成饼的状态，厚约 2 厘米。

⑪ 隔热水熔化牛奶巧克力备用。

⑫ 将面饼放在铺了油纸的烤盘上，预热烤箱 180℃，烤 20~22 分钟。

⑬ 出炉后趁热切成条状。

⑭ 在前端沾些许巧克力熔化液，并撒上彩色糖珠，待脆饼凉透，即可食用。

TIPS

该款饼干的口感有一些类似布朗尼，微苦。可以配合牛奶食用，风味更佳。

蛋白糖脆饼

材料

蛋白……60 克

糖粉……60 克

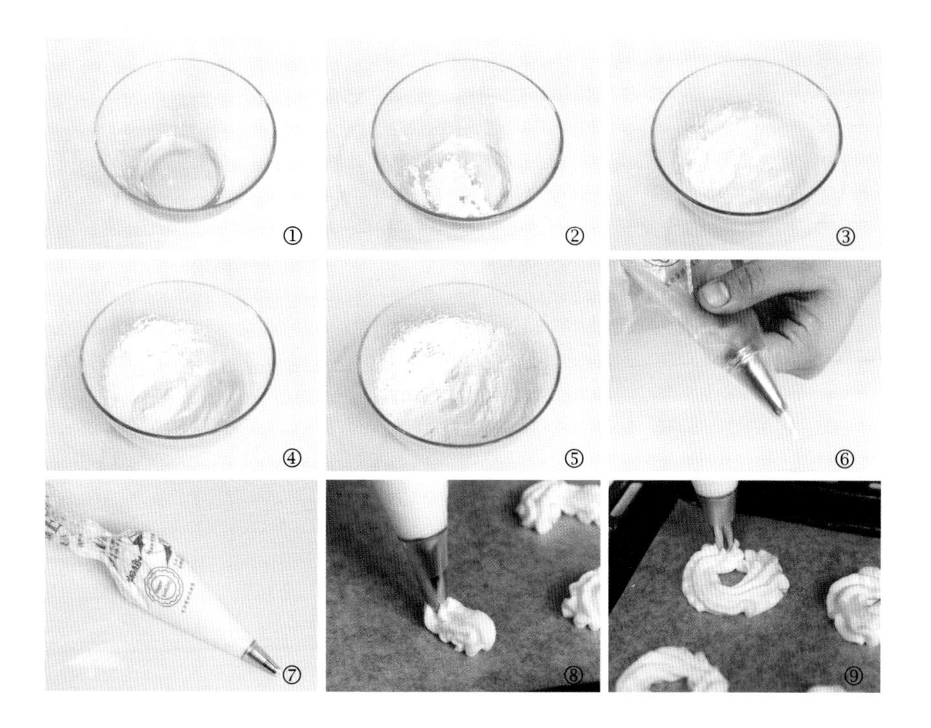

1. 将蛋白放入无水无油的搅拌盆中。
2. 在蛋白中加入三分之一的糖粉，搅打至蛋白起大泡。
3. 再加入三分之一的糖粉，搅打至蛋白泡变绵密。
4. 最后加入剩余的糖粉。
5. 搅打至蛋白硬性发泡，呈光滑细腻的状态。
6. 在裱花袋中放入齿形花嘴，并剪出一个 0.8 厘米的口。
7. 在裱花袋中加入打好的蛋白。
8. 可以挤出爱心的花型。
9. 或者挤出圆花型，可以根据喜好自行完成。烤箱预热 100℃，烘烤 45~50 分钟即可。

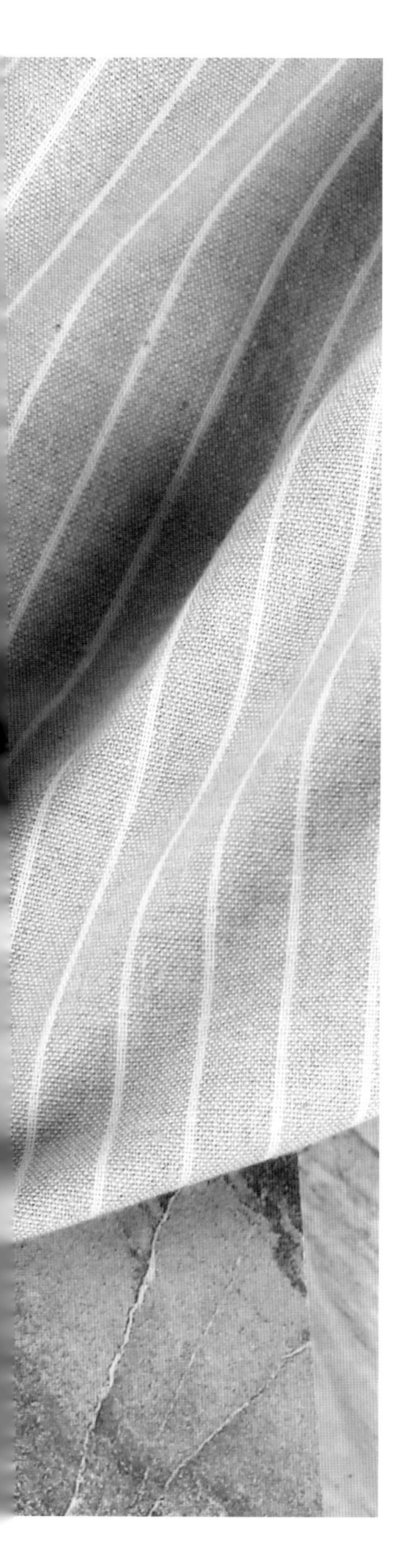

海苔脆饼

材料

中筋面粉……100 克

细砂糖……5 克

海盐……1 克

泡打粉……2 克

牛奶……20 克

菜油……10 克

全蛋液……20 克

海苔碎……适量

  180℃  10~12 分钟

1. 在搅拌盆内加入过筛的中筋面粉。
2. 加入细砂糖。
3. 加入海盐及泡打粉，使用手动打蛋器混合均匀。
4. 在面粉盆中加入全蛋液。
5. 接着加入菜油。
6. 最后加入牛奶，用橡皮刮刀混合均匀。
7. 放入剪碎的海苔。
8. 用手抓匀，并揉成光滑的面团。
9. 使用擀面杖将面团擀成厚度为 3 毫米的面片。

⑩ 拿出刮板，将饼干切成长方形的薄片。

⑪ 将饼干移到铺了油纸的烤盘上，准备一个叉子，为饼干戳上透气孔，防止在烘烤过程中饼干断裂。

⑫ 预热烤箱 180℃，烤盘置于烤箱的中层，烘烤 10~12 分钟即可出炉。

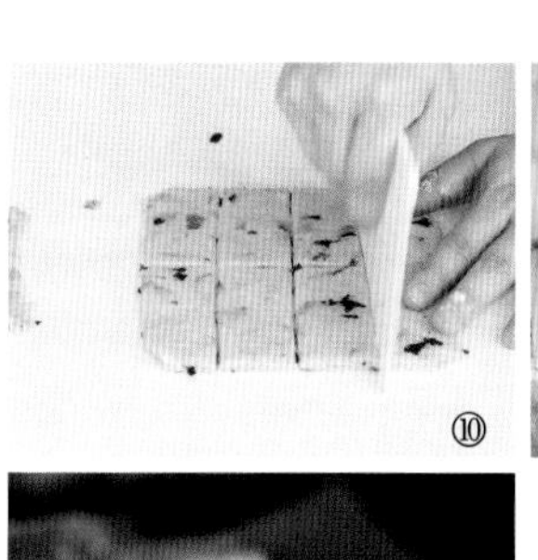

TIPS

做该饼干时海苔一定要剪碎一些，如果太大块，烤熟的饼干坯容易断裂，且口感不佳。

葱香三角饼干

材料

中筋面粉……100 克

细砂糖……5 克

盐……3 克

泡打粉……2 克

牛奶……20 克

菜油……10 克

全蛋液……20 克

香葱……适量

  180℃  10~12 分钟

❶ 准备一个干净的无水油的搅拌盆。

❷ 加入过筛的中筋面粉。

❸ 加入细砂糖。

❹ 加入盐。

❺ 加入泡打粉。

❻ 使用手动打蛋器将粉类快速搅拌，混合均匀。

❼ 加入全蛋液。

❽ 加入菜油。

❾ 最后加入牛奶。

⑩ 用橡皮刮刀翻拌至液体与粉类全部融合。

⑪ 再用手将面团压实。

⑫ 此时加入香葱。

⑬ 将香葱与面团重复混合在一起，保证分布均匀。

⑭ 将面团擀成厚度为 3 毫米的面片。

⑮ 将面片切成三角的形状，此时烤箱预热 180℃，用刮板将面片移动到铺了油纸的烤盘上，烤盘置于烤箱的中层，烘烤 10~12 分钟。

TIPS

饼干的造型可以根据喜好改变，重点是每块饼干的大小与厚度要均匀。